Illustrators
Alejandro López
Amy Román
Erika Soler

Collaborators
Alejandra Gónzalez
Edwin Mas
Gabriela Román
Gabriela Vélez
José Sánchez
José Seda
Maya McElrath
Melanie Martínez
H. Nolo Martínez
Patricia Morales
Pedro Ayala
René Rivera
Stephanie Muñiz
Stephanie Vargas

latinofarmersusa.com
info@manoyola.com

Published by: Artist Studio Project Publishing LLC
ISBN: 9798988591320
Library of Congress Control Number: 2023943078

ASP BOOKS
5620 Millrace Trail, Raleigh, NC 27606
artiststudioprojectpublishing.com

Second edition.
First edition- ISBN: 9781736272503
(c)TXu002234613 / 2020-12-16

mano-y-ola.com

mano ola

English

About Us

mano-Y-ola LLC is a minority and female owned consulting firm based in North Carolina with team members and officesin Mississippi, Puerto Rico, Wisconson, Colorado Louisiana and the Netherlands. The company was founded by Dr. Nolo Martinez ("Nolo") in 2009 and is co-owned by Dr. Nolo Martinez and Maya McElrath, who have 45 years of combined experience in the fields of leadership, education, family services, social work, and community development. mano-Y-ola's team is diverse in background, ranging from team members with experience in civic engagement, administration, the arts, communication and advertising, social work and case management, education, international relations, business administration, law, agricultural economics, and agronomy.

mano-Y-ola's focus areas are early childhood education programs, minority and immigrant farmer communities, and leadership development. Consulting services and programs include designing and completing comprehensive community assesments effective strategic planning, grant support, implementing outreach and advocacy activities. The company's mission is to help each individual professional love what they do.

About the
Book

A growing number of Hispanic farmer leaders, talented young agricultural students, and bilingual conservation agricultural professionals are dedicated to learning and implementing conservation practices that can also help increase productivity. This illustrative book is the culmination of a summer program that combined contributions and knowledge from students from the College of Agricultural Sciences at the University of Puerto Rico, retired and current USDA-NRCS conservationists, and outreach specialists from the mano-y-ola LLC. Conservation agriculture is largely a "win-win" situation for farmers and the environment; this book is intended to provide basic knowledge and information to different age groups, communities, and future farmers.

Introduction

A "natural resource" is any material or product that Mother Nature spontaneously gives us that humans, can modify or process for a particular purposes or benefits. Natural resources are air, water, animals, energy, human beings, plants, and soil. Yes, believe it or not, human beings are also natural resources!

Some bad practices adopted by human beings – such as mismanagement and waste of water; removal, pruning, or burning of vegetation; and indiscriminate use of chemicals (pesticides, herbicides, fertilizers) – have resulted in water, soil, and air pollution. This is why we have a duty to protect our planet and actively conserve its natural resources. The best way to keep our precious resources in good shape is to implement conservation practices that help mitigate the damage already done and keep our ecosystem in the healthiest possible condition. Such conservation practices are techniques that have been developed and scientifically proven by experts from the Natural Resources Conservation Service (NRCS) of the United States Department of Agriculture (USDA).

mano-Y-ola LLC, in collaboration with the NRCS, is committed to implementing an educational program to let the agricultural community know the most common conservation practices and how to implement them on their land with the help of a team of conservation agronomists from the NRCS. This illustrative book was created by mano-Y-ola's team with the help of internship students from the College of Agricultural Sciences at the University of Puerto Rico, Mayagüez Campus so that the community at large may also benefit from this knowledge directed at protecting our natural resources.

Table of CONTENTS

The Importance of Natural Resources Conservation

"Natural resources conservation" is the correct management of natural resources to avoid their destruction or harmful exploitation. Since a rapidly growing world population is driving an increasing demand for natural resources, we must learn to conserve them to maintain ecological balance, leave reserves for future generations, preserve ecosystem biodiversity, and ensure the survival of our species.

This section briefly presents the importance of each natural resource.

Air

 Air is essential for life since it contains oxygen (to breathe), carbon dioxide (for plant photosynthesis), and ozone (to block the sun's ultraviolet rays and protect us against its harmful effects). In addition, air transports pollen and seeds.

Water

 Seventy percent of our planet's surface is covered with water. However, less than 1% of the water is suitable for human consumption; therefore, water must be processed to make it potable. Seventy-two percent of the human body is water, making it an essential substance for its proper functioning. Numerous aquatic species live in the rivers, seas, and oceans of our planet. Plants need water to optimally carry out their life processes, such as photosynthesis, salts and minerals transportation, and the cell division and expansion processes that drive their growth.

Animals

 Animals are pets, transportation means, food for humans and other animals, and pollinating agents that propagate plants.

Energy

 Energy is found in moving water. Its currents can transport boats or drive watermills. It is also found in the sunlight that warms greenhouses, makes photosynthesis, or generates electrical currents in photovoltaic cells. Wind energy drives windmills to generate electricity (eolian systems). Human or animal energy can be used in agriculture to plow the land.

Plants

 Plants offer a variety of benefits such as preventing soil erosion and producing oxygen, food, and medicines. They also provide a habitat and a source of shade for many species of animals, and they act as a natural filter against pollutants that threaten bodies of water.

Soil

 Soil stores nutrients and water for plants, provides raw materials for construction, and constitutes the base of ecosystems containing numerous organisms.

Southeast United States and Caribbean Region | www.latinofarmersusa.com

I

Management Practices

Management practices are conservation practices directed at obtaining the best performance of our resources without affecting their integrity.

01.

Brush Management

Brush management is a conservation practice directed at removing or eliminating woody shrubs with tools such as shovels, chainsaws, axes, chemicals, and heavy machinery like tractors or fellers that do not harm the soil.   The purpose of this practice is to prevent landslides and improve the quality of soil, water, and wildlife. This practice should be implemented in all terrain that does not have active planting, avoiding altering the habitat of wildlife.

1. Demolition   2. Manual removal   3. Grinding
4. Chemicals   5. Grazing

02.

Herbaceous Weed Treatment

Herbaceous weeds, like shrub weeds, can also be invasive. These weeds must be controlled or eliminated to improve forage quality and livestock accessibility. Removing these weeds also promotes the growth of plants that provide a habitat for wildlife.

The practice of herbaceous weed treatment prevents erosion, reduces forest fires, improves grassland health, and can be implemented by mechanical, chemical, or biological procedures, alone or in combination.

1. Mechanical removal
2. Chemical removal
3. Biological removal
4. Grazing

03.

Nutrient Management

Nutrient management involves using products, such as biomass (compost from plant residues and animal excrement), to grow plants without nutrient loss or soil / groundwater contamination. In addition, this practice can be implemented to improve soil and plant conditions and determine correct nutrient management in terms of quantity, manner, season, and time of day application.

04.

Prescribed Grazing

Nutrient management involves using products, such as biomass (compost from plant residues and animal excrement), to grow plants without nutrient loss or soil / groundwater contamination. In addition, this practice can be implemented to improve soil and plant conditions, and determine correct nutrient management in terms of quantity, manner, season, and time of day application.

Small Ruminants   **Cattle**

Animal Grazing Preference

20% Grass   **70%** Grass

60% Shrubs   **10%** Shrubs

20% Floral Herbaceous   **20%** Floral Herbaceous

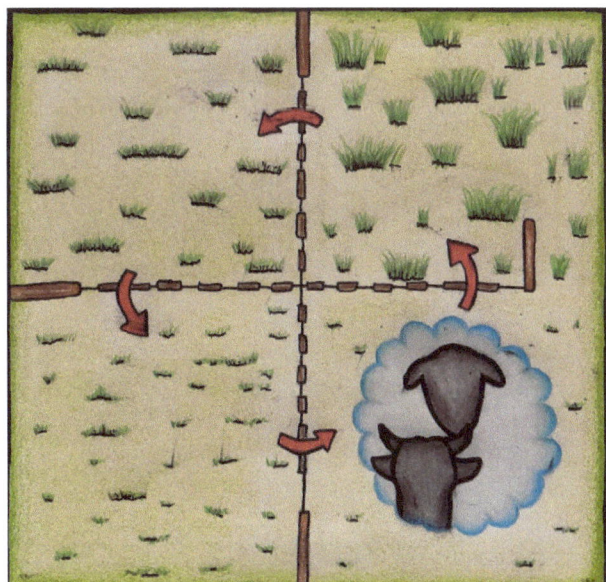

II

Soil Protection

Soil protection practices focus on preserving soil nutrient content and reinforcing soil structure to protect against water and wind erosion.

01.

Conservation Cover

The practice of conservation cover involves establishing and maintaining a permanent vegetation cover on the ground to reduce erosion, decrease sedimentation, improve groundwater quality, host wildlife, and attract pollinators such as birds, bumblebees, bees, bats, and fruit flies. Planting different species of plants and flowers is recommended to maintain environmental diversity that attracts beneficial organisms all year round.

1. Herbaceous plant
(broad leaf and showy flower)

2. Grass
(thin leaf)

17

02.
Cover Crop

Seasonal grasses, legumes (beans, peanuts, soybeans), and forage are planted to protect crops and soil. This practice reduces erosion and prevents the loss of organic material. It also improves water quality, increases soil porosity, and prevents pest propagation.

Cover crops should not compete with the main crops. It is recommended to establish cover crops first and then, according to the needs of each main crop, leave their residue at the end of each harvest in order to increase vegetation biomass and nutrient absorption.

03.

Grazing Land Mechanical Treatment

The practice of grazing land mechanical treatment seeks to treat or modify soil and crop conditions with mechanical tools by making holes, contour lines, terraces, or **chiseling. Mechanical treatments can improve soil permeability, reduce water runoff,** increase water infiltration, and renew and stimulate crops to increase productivity and yield.

The benefits are achieved by breaking up compacted layers of soil, roots, and straw residue in order to increase the vigor of the crops and their productivity and yield. This practice can be applied in grasslands.

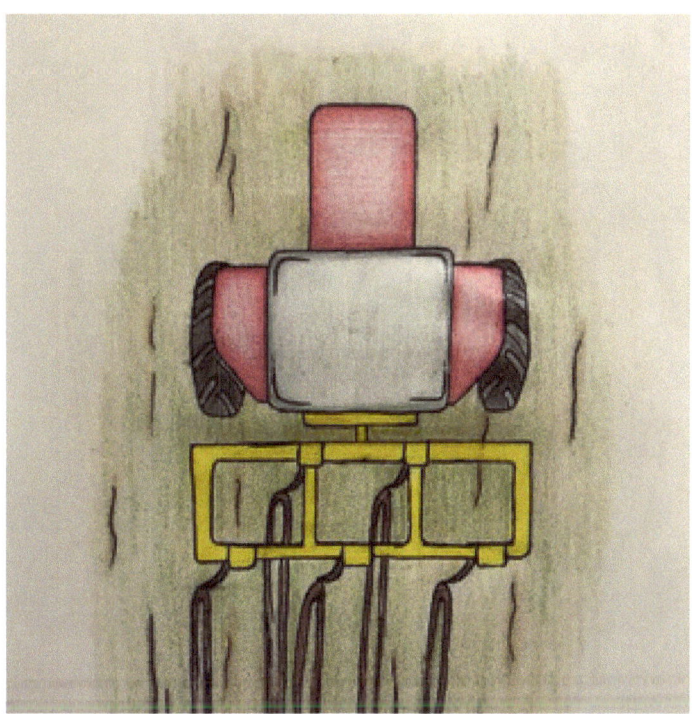

04.
Contour Farming

The best way to grow crops on sloping terrain is contour farming. In this type of farming, plants are set in rows perpendicular to the slope to reduce runoff speed. This practice is more effective on slopes between 2 and 10 percent and can reduce water erosion; increase water infiltration by invigorating plants; and reduce sediment, nutrient, and pesticide transport to surface waters.

For this practice to be effective, all tillage and planting operations should be done parallel to the contour.

III

Barriers

Setting up barriers is a conservation practice that reduces or eliminates human or animal traffic on a farm in order to protect crops, improve forage quality, and avoid soil compaction. Barriers are also set up to protect soil from erosion and crops from strong winds.

For this practice to be effective, all tillage and planting operations should be done parallel to the contour.

01.
Fences

Fences are built to control the transit of animals, people, and vehicles on the farm. Before building a fence, the site should be cleaned and maintained. Fences can be made from many different materials. Fences improve farm organization, allow efficient use of natural resources, and can be erected anywhere for the purposes indicated above.

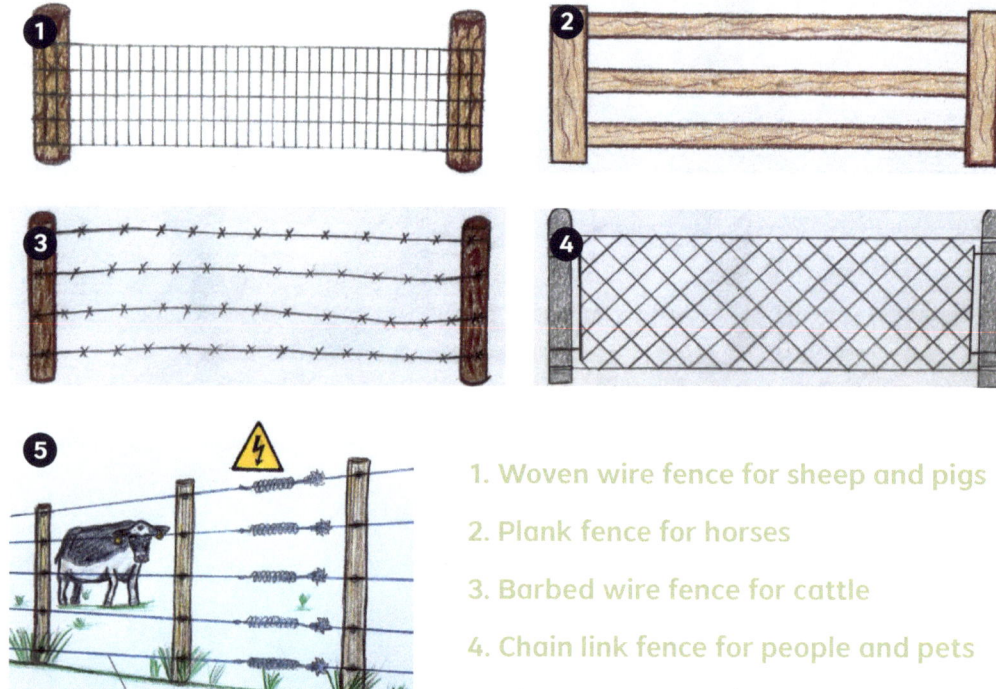

1. Woven wire fence for sheep and pigs

2. Plank fence for horses

3. Barbed wire fence for cattle

4. Chain link fence for people and pets

5. High tensile wire fence

22

02.
Vegetative Barriers

Vegetative barriers are set up on sloping land with contour crops, their primary purpose is to reduce erosion. Vegetative barriers must be adapted to the land and grow quickly. Vetiver, sugar cane, and elephant grass can be used as vegetative barrier plants. They are planted 4 to 6 inches apart in the middle of contour crops. Once established, these plants form a vegetative barriers that reduces soil loss due to runoffs.

23

03.

Windbreak / Shelterbelt Establishment

Windbreaks are trees or shrubs planted in one or more rows perpendicular to the prevailing winds for the purpose of improving the environment. The height and density of the windbreaker greatly influence the protected area. This practice reduces wind erosion, protects seedlings, and improves irrigation efficiency. In addition, windbreakers protect farm structures and animals, provide wildlife habitat, improve aesthetics, increase crop production, reduce noise and odors, and act as environmental buffers. Windbreaks can be established in a wide variety of places such as farmland, pastures, highways, roads, animal pens, and urban or communal areas.practice can be applied in grasslands.

WIND

04.
Hedgerow Planting

Hedgerows are shrubs, small trees, or herbaceous vegetation planted in rows on a short distance from each other to frame specific areas of the farm, define contour lines, reduce noise, dust, and odors, and improve site aesthetics. Hedgerows act as ecological corridors that provide food and shelter for wildlife, and their foliage can be used as green manure.

Hedgerows can be planted in urban areas, forests, and farmland as part of a conservation management system to eliminate animal, people, and vehicle access.

The main factors that determine which species to plant include: 1) soil conditions and characteristics (slope, pH, water retention capacity, drainage, infiltration, fertility, flood susceptibility), 2) climate (rain, humidity), 3) species compatibility with other plants, and 4) resistance to common pests and diseases.

25

05.
Filter Strips

Filter strips are sets of grasses planted following the contour to trap sedimentation. Sedimentation occurs when runoff water carries solid or polluting material towards a body of water. These grasses form a filter that retains these solids and contaminants or delays their deposition in rivers, lakes, and the sea. Filter strip plant roots can retain sediments and absorb toxins.

IV

Planting Practices

Planting practices are those conservation practices that promote high-yield agricultural and livestock production.

01.

Silvopasture

Silvopasture is an integrated system that combines trees, shrubs, legumes, grass, and livestock in a sustainable environment. Trees and shrubs provide shade for livestock to stay healthy and productive, fix nitrogen in the soil for rapid grass recovery, and provide an ideal habitat for wildlife.

Grass and legumes provide food and protein for livestock to develop optimally. Drought resistant species (elephant grass, pangola grass, guinea grass) should be chosen to ensure a livestock food supply in adverse conditions.

With shade, livestock body temperature decreases and keeps animals from spending energy unnecessarily. This leads to quick and efficient weight gain, improves pregnancy, and increases milk production in the case of cows.

02.

Forage and Biomass Planting

On a farm, livestock health and nutrition depend largely on the quality of forage planted in the grazing area. Planting forage and biomass is an important practice for any producer who has cattle – for meat or milk – since healthy animals need good quality forage. We recommend planting local forage and avoiding invasive species. Before implementing this practice, soils must be studied in terms of health, type, and pH (acidity or basicity) to determine the correct type of forage. Once a plot or site is selected, forage is chosen (pangola grass, elephant grass) and then planted.

The purposes of forage and biomass planting are 1) to improve livestock feeding, 2) to increase the amount of forage available during periods of low production, 3) to reduce soil erosion, 4) to improve water quality, and 5) to produce raw material for biofuels or power generation.

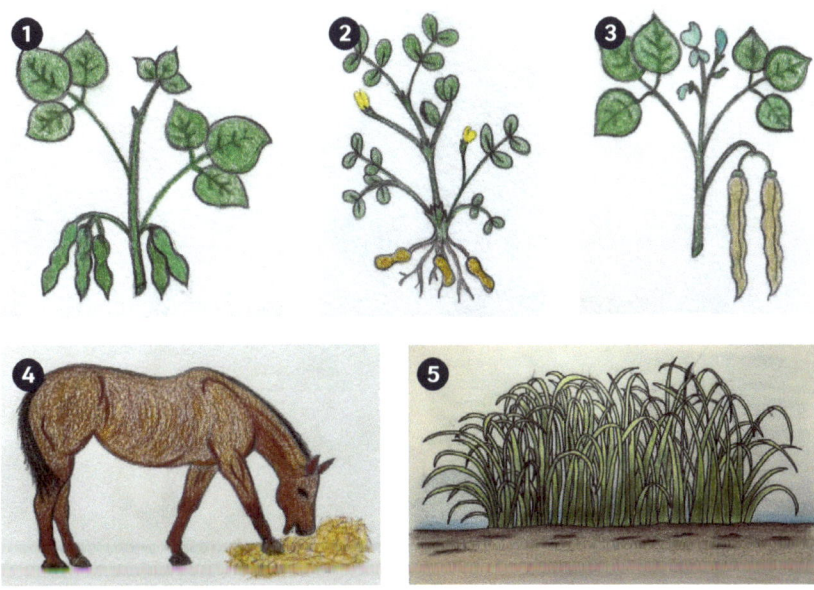

1. Soy   2. Peanuts   3. Green Beans   4. Hay   5. Elephant Grass

29

03.

Alley Cropping

Alley cropping involves planting trees and shrubs in rows and then establishing the desired crops between the rows. The trees in these rows can also be used for agricultural production, which may increase the farmer's profits.

The benefits of this practice include the following:
1) erosion prevention, which decreases nutrient loss, 2) more crop foliage quality and quantity, 3) better soil health, 4) more habitats for beneficial insects and wildlife, 5) more biomass and carbon storage, and 6) better wind quality, trapping unwanted particulate.

Trees or shrubs must be mutually compatible to prevent competition for nutrients, water, and sunlight. Care must be taken to grow them at the same time. It is recommended to plant species adapted to the climate and the soil in which they will grow.

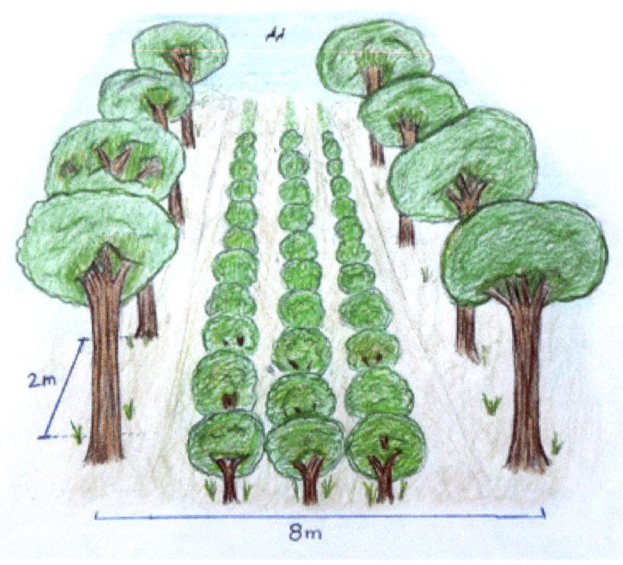

04.
Tree / Shrub Establishment

Planting trees and woody shrubs creates or expands wildlife habitats, controls erosion, and improve water quality. This practice can be implemented by sowing seeds, cuttings, or by direct sowing in the field. It can also be implemented to produce wood.

In addition, this practice allows trees and shrubs to trap and store carbon and promotes the development and maintenance of native plants.

V

Fire Prevention

Fire prevention is a conservation practice directed at reducing or preventing forest and grassland fire propagation.

01.

Fuel Breaks and Firebreaks

These practices are based on keeping a vegetation-free or fire-resistant vegetation area to delay or reduce the spread of forest fires. These areas must be established in fire-prone locations.

Fuel breaks and firebreaks can also be bodies of water (rivers, ponds, lakes), vegetation free strips, plant or land barriers, and drainage channels.

The difference between a fuel break and a firebreak is that the former involves pruning and separating treetops to prevent the fire from jumping from one top to the next; the latter involves making a path without vegetation or with fire resistant vegetation to prevent the fire from passing from one lot to the next.

VI

Facilities

Facilities are structures that improve or accelerate agricultural production and assist drinking water access for livestock.

01.

Livestock Pipeline

Livestock pipelines transfer water from a supply source to places where livestock, poultry, and wildlife are located.

The purpose of this practice is to decentralize the supply of drinking water and involves channeling water to other places for sanitation purposes or to improve water supply management and conservation.

Pipes must have vents, joints, protection, covers, and pressure relief valves. The land owner must be given a specific operations and maintenance plan depending on the type of pipes installed.

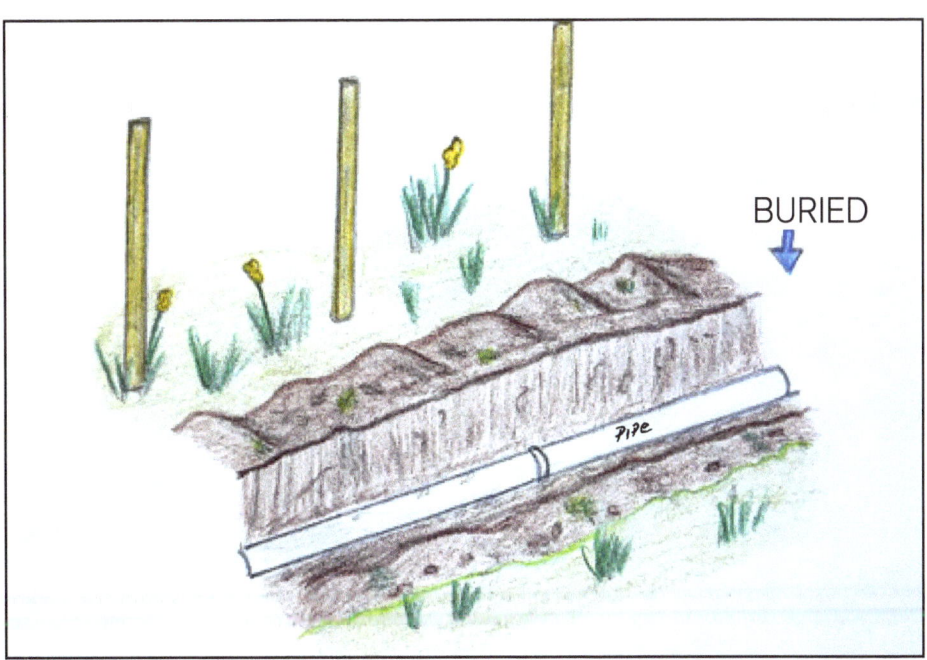

02.
Watering Facility (Trough)

Watering facilities make drinking water accessible to livestock and wildlife and improve water distribution throughout the farm. This practice is combined with the livestock pipeline practice. Facilities must have the required amount of water for the animals. For proper maintenance, we also recommended installing emergency drains in the system.

Watering facilities should not have a negative impact on the terrain, and they should be located in places with good grazing distribution. A maintenance plan must be set up to monitor and clean the system. Construction materials for these watering facilities are concrete, galvanized steel, and ultraviolet resistant plastic or fiberglass.

TANK

03.

High Tunnel System

High tunnels are closed plastic or fabric structures designed to protect crops from sunlight, wind, cold,or excess rain, and to extend the planting season without harming the environment. High tunnels are installed on land where sunlight or wind can damage the crops. High tunnels should not be installed for growing plants on tables, benches, pots, hydroponic tanks, except in raised beds. The raised beds should be completely open to the natural soil profile and the beds should not be more than 12 inches deep. High tunnels should not be used as a shelter or housing for livestock, or as storage for supplies or equipment.

Models with metal, wood, or durable plastic frames covered in translucent woven material or shade fabric are recommended. High tunnels must withstand 40-mph winds.

Conservation
practice codes

The Natural Resources Conservation Service of the United States Department of Agriculture (USDA-NRCS) assigns a numerical code to each one of these conservation practices for identification purposes in its Environmental Quality Incentive Program (EQIP). Conservation practice codes described in this book appeared on the following page:

Conservation Practice	NRCS Code
Brush Management	314
Herbaceous Weed Treatment	315
Nutrient Management	590
Filter Strips	393
Conservation Cover	327
Cover Crop	340
Prescribed Grazing	528
Grazing Land Mechanical Treatment	548
Fences	382
Vegetative Barrier	601
Windbreak/Shelterbelt Establishment	380
Hedgerow Planting	422
Silvopasture	381
Forage and Biomass Planting	512
Alley Cropping	311
Contour Farming	330
Tree/Shrub Establishment	612
Fuel Breaks	383
Woody Residue Treatment (Firebreaks)	384
Livestock Pipeline	516
Watering Facility (Trough)	614
High Tunnel System (Cultivation Tunnels)	325

Contact information for USDA service centers is available through the following link:
https://www.nrcs.usda.gov/wps/portal/nrcs/main/pr/contact/local/

If you have identified a situation requiring the preservation or rehabilitation of a natural resource on your farm, go to the nearest USDA-NRCS office, where you will be given guidance and technical assistance to implement any of these conservation practices.

Glossary

1. **Biodiversity:** Diversity of plant and animal life in a particular habitat.

2. **Biomass:** Plant material and/or animal waste to be used as fuel.

3. **Contour:** Imaginary line on the ground that maintains the same level perpendicular to the slope.

4. **Ecosystem:** System formed by the interaction of a community of organisms with its physical environment.

5. **Erosion:** Soil surface wear caused by water and wind.

6. **Forage:** Bulky foods such as grass or hay for horses or cattle.

7. **Fuel:** Material that can ignite and burn.

8. **Gasket:** Shaped piece of material that provides a tight and perfect seal.

9. **Habitat:** Environment in which an organism or group of organisms normally lives and grows.

10. **Herbaceous:** Characteristic of non-woody plants or grasses.

11. **Hydroponics:** Soilless cultivation technique in water with dissolved nutrients.

12. **Integrated Pest Management:** Use of more than one conservation practice to control a pest, either through the use of tools, chemicals or animals.

13. **Invasive plants:** Plant species that are not native to an environment and spread steadily, sometimes dominating the native landscape.

14. **Legumes:** Plants with seeds in pods and distinctive flowers. These plants benefit the soil and other nearby plants by forming nodules on their roots with symbiotic bacteria capable of fixing nitrogen. Legumes have been an important part of crop rotation for centuries.

15. **Nitrogen fixation:** Process where bacteria absorb atmospheric nitrogen and deposit it in the soil where plants consume it.

16. **Organic:** Characterized by living organism properties. It also refers to food grown or raised without synthetic fertilizers, pesticides, or hormones.

17. **Parallel:** Being everywhere equidistant and not intersecting or meeting.

18. **Particulate:** Small discrete mass of solid or liquid matter that remains dispersed individually in gas or liquid emissions. Generally, particulates are considered air pollutants.

19. **Perennial:** Plant that lasts three seasons or more.

20. **Perpendicular:** Orientation that intersects or forms right angles with the horizon.

21. **pH:** Scale that measures the degree of acidity or basicity of a substance.

22. **Pollinating agents:** Animals that transport pollen from one flower to another, such as wasps, bees, moths, beetles, butterflies, bats, hummingbirds, opossums, geckos, and lemurs.

23. **Shrub:** A low, woody perennial plant that generally has several main stems.

24. **Tree:** A tall, perennial woody plant with a main trunk and branches that form an elevated crown.

25. **Weeds:** Dense shrub growth.

26. **Wildlife:** All non domesticated living beings.

27. **Woody:** Having hard tissues or rigid parts, especially on the stems.

Ilustradores Alejandro López
Amy Román
Erika Soler

Colaboradores Alejandra Gónzalez
Edwin Mas
Gabriela Román
Gabriela Vélez
José Sánchez
José Seda
Maya McElrath
Melanie Martínez
H. Nolo Martínez
Patricia Morales
Pedro Ayala
René Rivera
Stephanie Muñiz
Stephanie Vargas

latinofarmersusa.com
info@manoyola.com

Publicado por: Artist Studio Project Publishing LLC
ISBN: 9798988591320
Library of Congress Control Number: 2023943078

ASP BOOKS
5620 Millrace Trail, Raleigh, NC 27606
artiststudioprojectpublishing.com

Segunda edicion.
Primera edition- ISBN: 9781736272503
(c)TXu002234613 / 2020-12-16

mano-y-ola.com

Español

Sobre
Nosotros

mano-Y-ola LLC es una firma de consultoría de propiedad minoritaria y femenina con sede en Carolina del Norte y con miembros y oficinas en Mississippi, Puerto Rico, Wisconsin, Colorado, Texas, Louisiana y los Paises Bajos. La compañía fue fundada por el Dr. Nolo Martínez en 2009 y actualmente es copropiedad del Dr. Nolo Martínez y Maya McElrath, quienes tienen 45 años de experiencia combinada en los campos de liderazgo, educación, servicios familiares, trabajo social y desarrollo comunitario. El equipo de mano-Y-ola's tiene una formación diversa, que abarca desde miembros del equipo con experiencia en compromiso cívico, administración, artes, comunicación y publicidad, trabajo social y gestión de casos, educación, relaciones internacionales, administración de empresas y leyes aplicables, negocios agrícolas y agronomía.

Las áreas de enfoque de mano-Y-ola's son los programas de educación de niñez temprana, las comunidades de agricultores minoritarios e inmigrantes y el desarrollo de liderazgo. Los servicios y programas de consultoría incluyen el diseño y la realización de evaluaciones integrales de la comunidad, planificación estratégica efectiva, evaluación de subvenciones, planificación e implementación de actividades de divulgación y promoción. La misión de la compañía es ayudar a cada profesional a amar lo que hace.

Acerca del
Libro

Un número creciente de líderes agrícolas hispanos, estudiantes de agricultura talentosos, y profesionales bilingües de la conservación agrícola se dedican a aprender e implementar prácticas de conservación que también pueden ayudar a aumentar la productividad. Este libro ilustrativo es la culminación de un programa de verano que combinó contribuciones y conocimientos de estudiantes de la Facultad de Ciencias Agrícolas de la Universidad de Puerto Rico, conservacionistas retirados y activos del USDA-NRCS, y especialistas de alcance del equipo de mano-y-ola LLC. La agricultura de conservación es en gran medida una situación de "beneficio mutuo" para los agricultores y el medio ambiente y este libro tiene como objetivo proporcionar conocimientos e información básicos a grupos de diferentes edades, comunidades y futuros agricultores.

Introducción

El concepto "recurso natural" abarca todo material o producto que la Madre Naturaleza nos regala espontáneamente y que nosotros los seres humanos modificamos o procesamos con algún propósito o beneficio en particular. Los recursos naturales que conocemos actualmente son los siguientes: el aire, el agua, los animales, la energía, los seres humanos, las plantas y el suelo. Sí, aunque no lo crean, inosotros los seres humanos también somos recursos naturales.

Algunas malas prácticas adoptadas por los seres humanos -tales como el desperdicio y el mal manejo del agua; la eliminación, poda o quema de la vegetación; y el uso indiscriminado de productos químicos (plaguicidas, herbicidas, fertilizantes) han tenido como consecuencia la contaminación del agua, el suelo y el aire. Por eso es que los seres humanos tenemos el deber de proteger nuestro planeta y conservar celosamente sus recursos naturales. La mejor manera de mantener en buen estado nuestros preciados recursos es la implementación de prácticas de conservación que ayuden a mitigar los daños ya causados y a mantener nuestro ecosistema en óptimas condiciones. Dichas prácticas de conservación son técnicas desarrolladas y científicamente comprobadas por los expertos del Servicio de Conservación de Recursos Naturales del Departamento de Agricultura de Estados Unidos (NRCS, por sus siglas en inglés).

La compañía mano-y-ola LLC, en colaboración con el NRCS, se ha dado a la tarea de implementar un programa educativo cuyo propósito es darle a conocer a la comunidad agrícola las prácticas de conservación más comunes y la manera en que pueden adoptarlas en sus tierras con la ayuda del equipo de agrónomos conservacionistas del NRCS. Este libro ilustrativo fue creado por el equipo de mano-y ola's con la ayuda de estudiantes de internado del Colegio de Ciencias Agrícolas del Recinto Universitario de Mayagüez de la Universidad de Puerto Rico para que la comunidad en general pueda también aprovechar este conocimiento dirigido a proteger nuestros recursos naturales.

Tabla de
CONTENIDO

Sureste de los Estados Unidos y el Caribe | www.latinofarmersusa.com

La importancia de la conservación de los

Recursos Naturales

La conservación de los recursos naturales es el manejo correcto de los recursos para evitar su destrucción o explotación dañina. Dado que la población mundial va en rápido crecimiento, hay una creciente demanda de recursos naturales. Por tal razón debemos aprender a conservarlos para mantener el equilibrio ecológico, dejar reservas para las generaciones futuras, preservar la biodiversidad del ecosistema y asegurar la supervivencia de nuestra especie.

A continuación presentamos brevemente la importancia de cada recurso natural:

Aire

 El aire es indispensable para la vida ya que contiene oxígeno (para respirar), dióxido de carbono (para la fotosíntesis de las plantas) y ozono (para bloquear los rayos ultravioleta del sol y protegernos contra sus efectos nocivos). Además sirve para transportar polen y semillas.

Agua

 El 70% de la superficie del planeta está cubierta por agua. Sin embargo, menos del 1% del agua es apta para el consumo humano por lo que es necesario procesarla antes de beberla. El 72% del cuerpo humano está compuesto por agua, que es indispensable para su buen funcionamiento. Los mares, ríos y océanos del planeta son el hábitat de una multitud de especies acuáticas. Las plantas necesitan agua para llevar a cabo óptimamente sus procesos vitales, tales como el transporte de sales y minerales, la fotosíntesis, y la división y expansión celular que determina su crecimiento.

Animales

 Los animales sirven de alimento para los seres humanos y para otros animales, actúan como agentes polinizadores para propagar las plantas, sirven como medio de transporte, y también sirven como animales domésticos.

Energía

 La energía se encuentra en el agua en movimiento y sus corrientes pueden aprovecharse para transportar embarcaciones o impulsar molinos. También se encuentra en la luz solar que calienta invernaderos, produce fotosíntesis o genera corrientes eléctricas en celdas fotovoltáicas. Por otra parte, la energía que produce el viento puede impulsar molinos para generar energía eléctrica (sistemas eólicos) y la energía humana o animal que, en la agricultura, puede servir para arar la tierra.

Plantas

 Las plantas ofrecen una variedad de beneficios tales como evitar o impedir la erosión del suelo, y producir oxígeno, alimentos y medicinas. Además son hogar y fuente de sombra para muchas especies del reino animal, y actúan como filtro natural contra los contaminantes que amenazan las extensiones y cuerpos de agua.

Suelo

 El suelo sirve de almacén de nutrientes y agua para las plantas, además de ser materia prima para la construcción de diversas estructuras. También constituye la base del ecosistema de una infinidad de organismos.

I

Prácticas de Manejo

Las prácticas de manejo abarcan todas aquellas prácticas de conservación cuyo propósito es agregar orgánicamente nutrientes a la tierra y erradicar, reducir o suspender el crecimiento de malezas arbustivas y herbáceas.

01.
Manejo de Malezas Arbustivas

El manejo de malezas arbustivas es una práctica de conservación cuyo propósito es remover o eliminar arbustos leñosos con herramientas tales como palas, sierras eléctricas, hachas, productos químicos y maquinaria pesada como tractores o taladoras que no dañen el suelo. El propósito de esta práctica es prevenir el desprendimiento de suelos y mejorar su calidad, la calidad del agua y la vida silvestre. Se debe implementar en todo terreno que no tenga siembra activa evitando alterar el hábitat de la vida silvestre.

1. Demolición   2. Remoción Manual   3. Trituración
4. Productos Químicos   5. Itinerario de Pastoreo

02.

Tratamiento de Malezas Herbáceas

También hay malezas herbáceas que, tal como las malezas arbustivas, pueden ser invasoras. Estas malezas deben ser controladas o eliminadas para mejorar la calidad del forraje y aumentar su accesibilidad para el ganado. La remoción de estas malezas también promueve el crecimiento de plantas que sirven de hábitats para la vida silvestre.

Esta práctica previene la erosión, reduce los incendios forestales, mejora la salud de los pastizales, y puede implementarse en suelos de todo tipo-excepto en suelos con cultivo activo-mediante procedimientos mecánicos, químicos o biológicos, solos o en combinación.

1. Remoción Mecánica

2. Remoción Química

3. Remoción Biológica

4. Itinerario de Pastoreo

13

03.
Manejo de Nutrientes

El manejo de nutrientes implica usar productos orgánicos como el estiércol (abono de residuos vegetales y excrementos animales) para que las plantas crezcan sin perder nutrientes ni contaminar la tierra o el agua subterránea. Asimismo, esta práctica se puede implementar en cualquier terreno en que sea necesario mejorar las condiciones de la tierra y las plantas, y determina el manejo correcto de los nutrientes en cuanto a cantidad, manera, horas del día y época de aplicación.

04.
Intinerario de Pastoreo

El itinerario de pastoreo se establece con el propósito de mejorar la calidad y el vigor de las plantas y del forraje. También ayuda a mejorar la calidad y la cantidad del agua superficial y subterránea. Además, esta práctica de conservación aumenta la productividad de los animales, reduce la erosión del suelo, disminuye las escorrentías, y mejora el hábitat de la vida silvestre. Esta práctica se aplica a todas las tierras donde se mantienen animales de pastoreo.

Pequeños Rumiantes

Ganado

Preferencia del animal

20%	Pasto	70%	Pasto
60%	Arbusto	10%	Arbusto
20%	Herbáceas Florales	20%	Herbáceas Florales

15

II

Protección de Suelos

Las prácticas de protección de suelos son las que se concentran en conservar los nutrientes que contienen los suelos y reforzar su estructura para protegerlos contra la erosión causada por el agua y el viento.

01.
Cubierta Vegetal Permanente

Esta práctica consiste en establecer y mantener una cubierta vegetal permanente en el suelo para reducir la erosión, disminuir la sedimentación, mejorar la calidad del agua subterránea, albergar vida silvestre, y atraer polinizadores tales como zumbadores, cigarrones, abejas, murciélagos, y mimes. Se recomienda sembrar diferentes especies de plantas y flores en diferentes épocas del año para mantener una diversidad ambiental que atraiga organismos beneficiosos todo el año.

1. Planta Herbácea
(hoja ancha y flor llamativa)

2. Gramínea
(hoja delgada)

02.
Plantas Cobertoras

Las gramíneas, leguminosas (frijoles, maní, soya) y forrajes de temporada se plantan, según la estación del año, para proteger los cultivos y el suelo. Esta práctica reduce la erosión y evita la pérdida de material orgánico. También mejora la calidad del agua, aumenta la porosidad del suelo y previene la propagación de plagas.

Las plantas cobertoras no deben competir con los cultivos principales. Recomendamos establecer plantas cobertoras primero y luego, según las necesidades de cada cultivo principal, dejar su residuo al final de cada cosecha para aumentar la biomasa de la vegetación y la absorción de nutrientes.

03.

Tratamiento Mecánico de Tierras de Pastoreo

Con esta práctica se busca tratar o modificar las condiciones del suelo y de los cultivos con herramientas mecánicas por medio de hoyos, surcos de contorno, terrazas, y cincelado. Los tratamientos mecánicos pueden mejorar la permeabilidad del suelo, reducir las escorrentías, aumentar la infiltración, y renovar y estimular los cultivos para aumentar la productividad y el rendimiento.

Los beneficios se logran mediante el rompimiento de las capas compactadas de tierra, las raíces y los residuos de paja con el fin de aumentar el vigor de los cultivos y su productividad y rendimiento. Esta práctica puede aplicarse en pastizales.

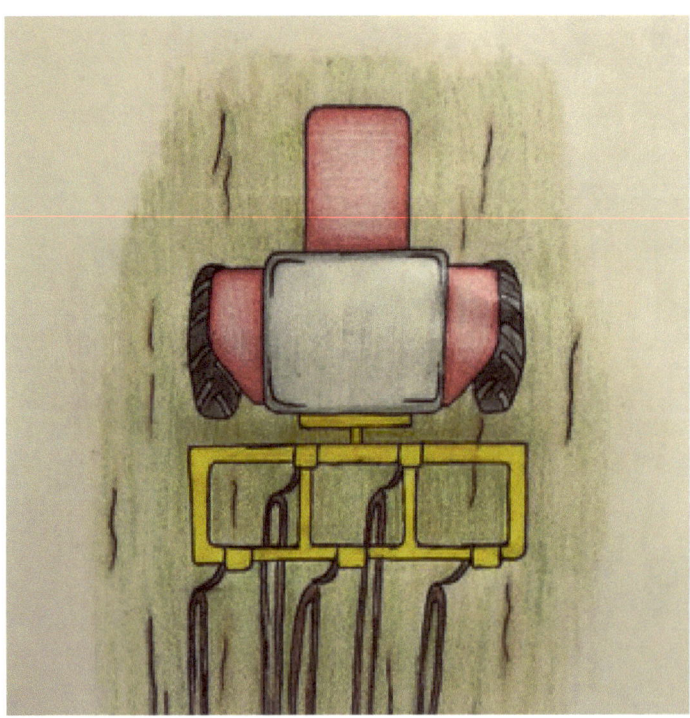

04.
Cultivo al Contorno

La mejor manera de sembrar en terrenos inclinados es el cultivo al contorno. En este tipo de cultivo, las plantas se siembran en hileras perpendiculares a la pendiente para reducir la velocidad de las escorrentías. Esta práctica es efectiva en pendientes entre 2 y 10 por ciento y puede reducir la erosión causada por el agua; aumentar la infiltración de agua al vigorizar las plantas; y reducir el transporte de sedimentos, nutrientes y pesticidas a las aguas superficiales.

Para mantener la efectividad de esta práctica, todas las operaciones de labranza y siembra se deben hacer al contorno.

III

Barreras

El establecimiento de barreras es una práctica de conservación que reduce o elimina el tránsito de personas o animales en una finca con el fin de proteger los cultivos y evitar la compactación del suelo. Las barreras también se establecen para proteger el suelo contra la erosión y proteger los cultivos contra los vientos fuertes.

01.

Cercas

Las cercas se construyen para proteger siembras o grupos de animales y para controlar el paso de seres humanos y vehículos. Antes de construir una cerca se debe limpiar el lugar y luego se le debe dar mantenimiento. Estas cercas pueden ser de alambre de púas o alambre electrificado. Estas cercas mejoran la organización de la finca, permiten aprovechar eficientemente los recursos naturales y se pueden erigir en cualquier lugar de la finca para los propósitos antes mencionados.

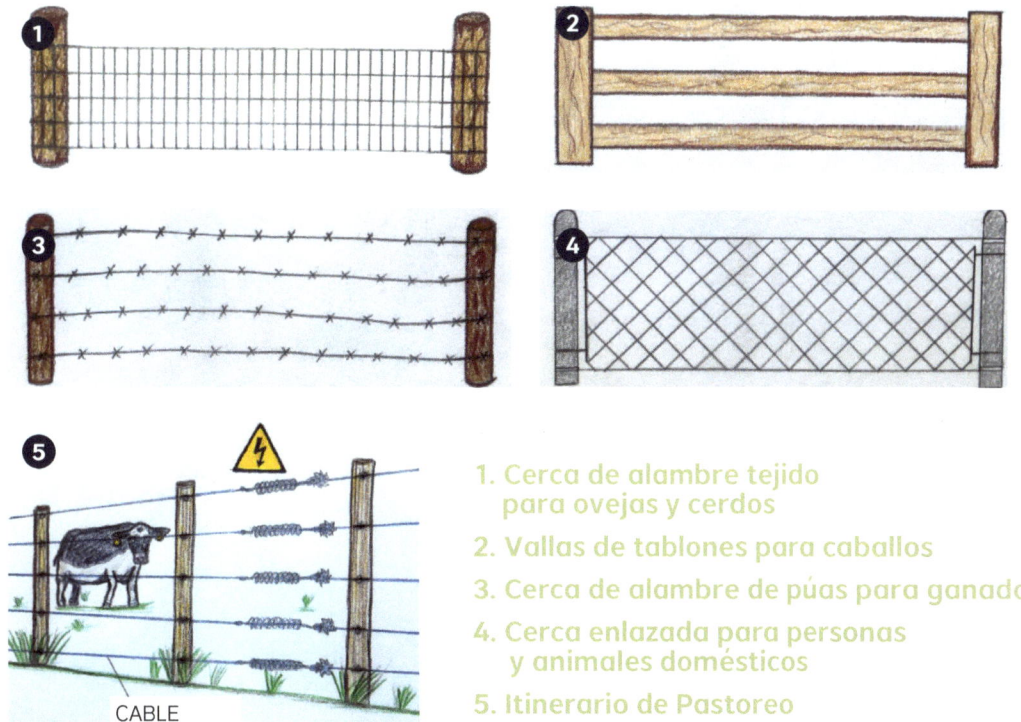

CABLE
ELECTRIFICADO

1. **Cerca de alambre tejido para ovejas y cerdos**

2. **Vallas de tablones para caballos**

3. **Cerca de alambre de púas para ganado**

4. **Cerca enlazada para personas y animales domésticos**

5. **Itinerario de Pastoreo**

22

02.
Barreras Vegetativas

Las barreras vegetativas se establecen en terrenos inclinados con siembras al contorno. Su principal propósito es reducir la erosión. Las plantas de las barreras vegetativas deben estar adaptadas al lugar y crecer rápidamente. Las más utilizadas son el pacholí o vetiver, la caña de azúcar y la yerba elefante. Se plantan de 4 a 6 pulgadas de distancia unas de otras en medio de las siembras al contorno. Una vez establecidas, estas plantas forman una barrera vegetativa que reduce la pérdida de tierra causada por las lluvias.

03.
Rompevientos

Los rompevientos son conjuntos de árboles o arbustos plantados en una o varias hileras perpendiculares a los vientos predominantes con el propósito de mejorar el ambiente. La altura y densidad del rompevientos influye en gran medida en el área protegida. Esta práctica reduce la erosión causada por el viento, protege las plántulas y mejora la eficiencia del riego. Además, los rompevientos protegen las estructuras y los animales de la finca, constituyen un hábitat para la vida silvestre, mejoran la estética, generan los productos o frutos de los árboles o arbustos, reducen los ruidos y olores, y sirven como amortiguadores ambientales. Los rompevientos pueden establecerse en una gran variedad de lugares tales como tierras de cultivo, pastos, carreteras, caminos, corrales de animales, y áreas comunales o urbanas.

VIENTO

04.
Setos Vivos

Los setos vivos son conjuntos de arbustos o árboles pequeños plantados en fila para enmarcar áreas específicas de la finca, establecer líneas de contorno, disminuir el ruido, el polvo y los olores; y mejorar la estética del lugar. Además, los setos vivos funcionan como corredores ecológicos que ofrecen alimento y albergue para la vida silvestre, y el follaje se puede usar como abono verde.

Los setos vivos pueden establecerse en zonas urbanas, bosques, y tierras de cultivo como parte de un sistema de manejo de conservación, para delimitar el acceso de animales, personas y vehículos.

Los principales factores que determinan qué especies sembrar son, entre otros, 1) las condiciones y características del suelo (inclinación, pH, capacidad de retención de agua, drenaje, infiltración, fertilidad, susceptibilidad a inundaciones), 2) el clima (lluvia, humedad), 3) la compatibilidad de las especies con otras plantas, y 4) la resistencia a plagas y enfermedades comunes.

05.
Franjas Filtrantes

Las franjas filtrantes son conjuntos de hierbas sembradas en franjas a lo largo del contorno de la tierra en lugares donde hay sedimentación. La sedimentación ocurre cuando una corriente de agua arrastra material sólido o contaminante hacia un cuerpo de agua. Estas hierbas forman un filtro que retiene estos sólidos y contaminantes o retrasa su deposición en ríos, lagos y el mar. Las raíces de las franjas filtrantes pueden retener sedimentos y absorber toxinas.

IV

Prácticas De Siembra

Las prácticas de siembra son aquellas prácticas de conservación cuyo propósito es promover producciones agrícolas de alto rendimiento.

01.
Silvopastoreo

El silvopastoreo es un sistema integrado que combina árboles, arbustos, leguminosas, pasto y ganado en un ambiente sostenible. Los árboles y arbustos le dan sombra al ganado para mantener su salud y productividad, fijan nitrógeno en el suelo para que el pasto se recupere rápidamente y constituyen un hábitat ideal para la vida silvestre.

El pasto y las leguminosas le dan alimento y proteínas al ganado para que se desarrolle óptimamente. Se deben escoger especies resistentes a la sequía para que el ganado tenga alimento cuando se presenten condiciones adversas. Los pastos y leguminosas más utilizados para esta práctica son la malojilla, yerba bofel, yerba elefante, pangola, yerba guinea, y crotalaria, entre otros. Al tener sombra, la temperatura corporal de los animales disminuye y evita que gasten energía innecesariamente, lo cual conduce al aumento de peso de forma rápida y eficiente. Esto mejora la preñez y aumenta la producción de leche del ganado.

02.

Siembra de Forraje y Biomasa

La salud y la nutrición del ganado en una finca   dependen en gran medida de la calidad del forraje que se siembre en el área de pastoreo. La siembra de forraje y biomasa es una práctica importante para todo productor de ganado. Se recomienda sembrar forraje local y evitar las especies invasoras. Antes de implementar esta práctica se debe estudiar la tierra en cuanto a salud, tipo y pH (acidez o basicidad) para determinar el tipo de forraje que conviene. Una vez que se escoja el predio o lugar en que se va a sembrar, se escoge el tipo de forraje (yerba estrella, pangola, y yerba elefante) y luego se siembra.

La siembra de forraje y biomasa tiene como propósitos 1) mejorar la alimentación del ganado, 2) aumentar la cantidad de forraje disponible durante períodos de poca producción, 3) reducir la erosión del suelo, 4) mejorar la calidad del agua y 5) producir materia prima para biocombustibles o generación de energía.

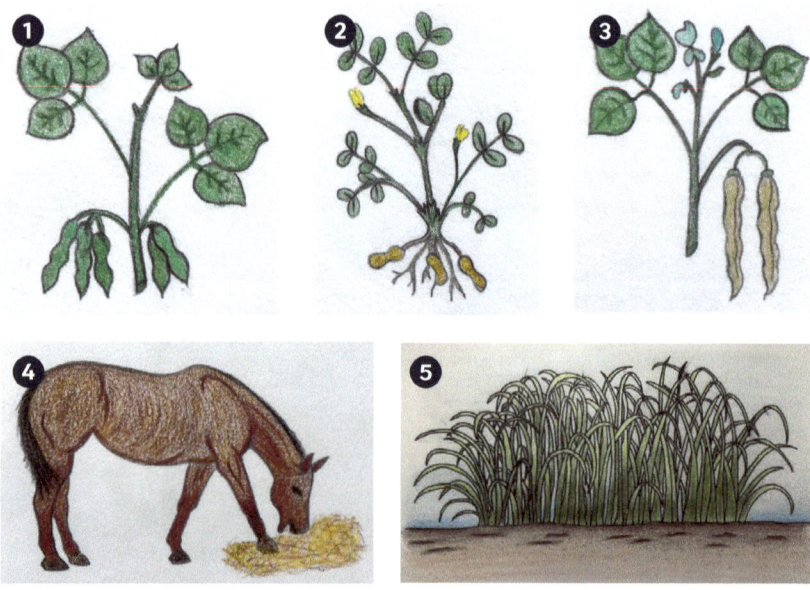

1. Soya   2. Maní   3. Frijoles   4. Heno   5. Yerba Elefante

29

03.
Cultivo en Callejones

El cultivo en callejones se lleva a cabo sembrando árboles y arbustos en filas y estableciendo los cultivos deseados entre las filas. Los árboles que forman estas filas también pueden destinarse a la producción agrícola, lo cual aumenta las ganancias del agricultor.

Entre los beneficios de esta práctica se encuentran los siguientes:
1) evita la erosión, lo cual disminuye la pérdida de nutrientes, 2) aumento de la calidad y la cantidad de follaje de los cultivos, 3) mejoramiento de la salud del suelo, 4) expansión del hábitat para insectos beneficiosos y vida silvestre, 5) aumento de la biomasa y el almacenaje de carbono, y 6) mejoramiento de la calidad del viento.

Los árboles o arbustos deben ser compatibles entre sí para evitar que compitan por nutrientes, agua y luz solar, y se debe procurar que todos crezcan a la par. También se recomienda sembrar plantas adaptadas al clima y al suelo en que van a crecer.

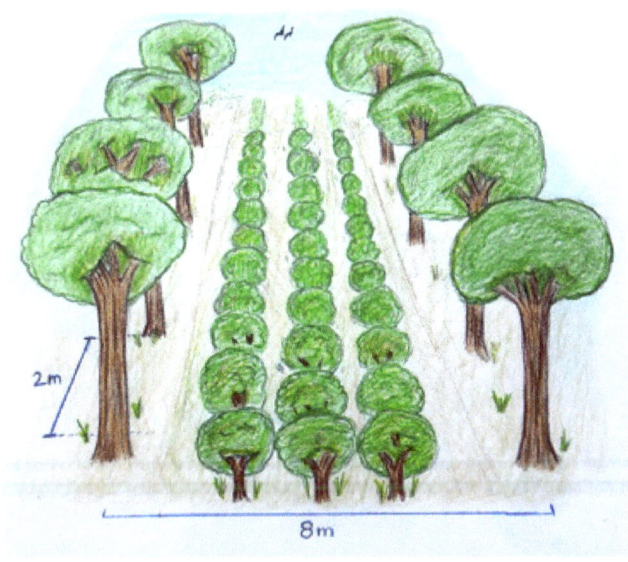

04.

Establecimiento de Árboles y Arbustos Leñosos

La siembra de árboles y arbustos leñosos forma o aumenta el hábitat para la vida silvestre, controla la erosión y mejora la calidad del agua. Esta práctica se puede implementar por semilla, esqueje o siembra directa en el campo. También puede implementarse para producir maderas.

Además, con esta práctica, los árboles y arbustos atrapan y almacenan carbono y favorecen el desarrollo y el mantenimiento de las plantas nativas.

V

Prevención de Incendios

Son aquellas prácticas de conservación cuyo propósito es reducir o impedir la propagación de incendios forestales y en pastizales.

01.

Rompe Combustible y Rompe Fuego

Estas dos prácticas se basan en mantener un espacio sin vegetación o con vegetación resistente al fuego para retrasar o reducir la propagación de los incendios forestales. Estas barreras se deben establecer en lugares propensos a los incendios.

Para estas prácticas también se pueden considerar otros tipos de barreras, tales como cuerpos o extensiones de agua (ríos, charcas, y lagos), franjas libres de combustible, barreras de plantas o tierra, canales de drenaje.

La diferencia entre el Rompe Combustible y el Rompe Fuego es que el primero implica podar y separar las copas de los árboles para evitar que el fuego pase de una copa a otra; y el segundo implica la formación de un trillo o camino sin vegetación o con vegetación resistente al fuego para evitar que el fuego pase de un predio a otro.

33

VI

Instalaciones

Estructuras para mejorar o acelerar la producción agrícola y para optimizar el aprovechamiento de los insumos disponibles en la finca.

01.
Tuberías para Bebederos

Tuberías con un diámetro máximo de 8 pulgadas para transferir agua desde una fuente de suministro a lugares con ganado, aves de corral y vida silvestre.

El objetivo de esta práctica es descentralizar el suministro de agua potable e implica canalizar el agua hasta otro lugar por razones de saneamiento o para mejorar el manejo y conservación de los suministros de agua.

Las tuberías deben tener ventilación, juntas, protección, cubiertas y válvulas de alivio de presión. Se le debe dar al propietario del terreno un plan específico de operaciones y mantenimiento según el tipo de tuberías que se instalen.

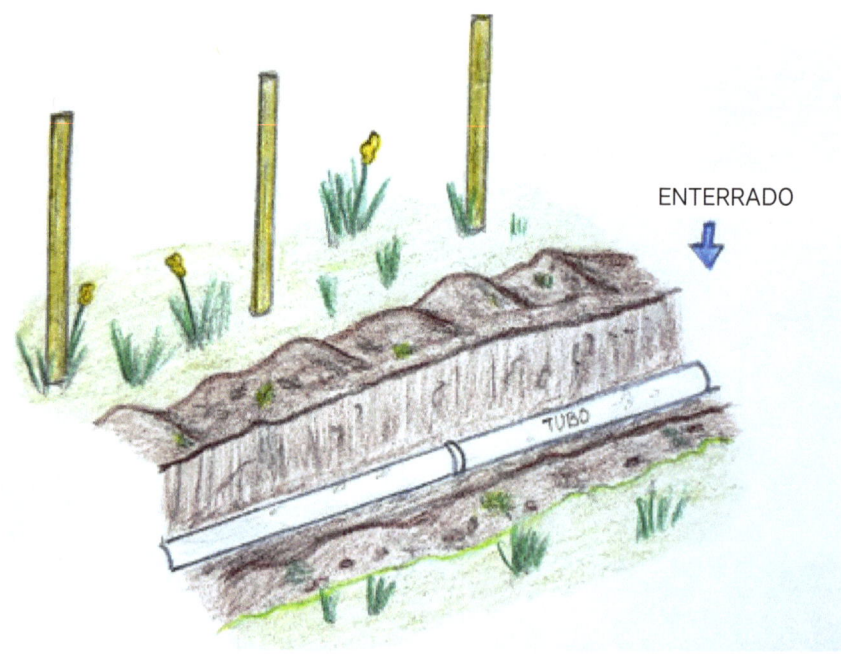

ENTERRADO

02.
Bebederos

Los bebederos ponen agua potable al alcance del ganado y la vida silvestre, y mejoran la distribución del agua en toda la finca. Esta práctica se combina con la práctica de tuberías de bebederos.

Se deben diseñar instalaciones que contengan la cantidad requerida de agua para los animales. Para un buen mantenimiento, también se recomienda instalar desagües para casos de emergencia en el sistema. Los bebederos se deben ubicar donde no se afecte el terreno y donde haya una buena distribución de pastoreo. Se debe establecer un plan de mantenimiento para supervisar y limpiar el sistema. Los materiales para la construcción de estos bebederos son concreto, acero galvanizado y plástico o fibra de vidrio resistente a la luz ultravioleta.

TANQUE

03.
Túnel de Cultivo

Los túneles de cultivo son estructuras cerradas de plástico o tela para proteger los cultivos contra el sol, el viento, el frío o el exceso de lluvia, y para alargar el período de siembra sin perjudicar el medio ambiente.

Los túneles de cultivo se instalan en terrenos capaces de producir cosechas en los cuales el viento o el sol intensos pueden dañar los cultivos. No se deben instalar para cultivar en mesas, bancos, tiestos, tanques hidropónicos, excepto en camas elevadas siempre que la parte inferior de la cama elevada esté completamente abierta al perfil natural del suelo y no tenga más de 12 pulgadas de profundidad. Está contraindicado utilizar el túnel de cultivo como refugio o vivienda de ganado o almacén de suministros o equipos.

Codigos de Prácticas de
Conservación

El Servicio de Conservación de Recursos Naturales del Departamento de Agricultura de Estados Unidos de América (USDA-NRCS) le asigna un código numérico a cada una de estas prácticas de conservación para propósitos de identificación en el proceso de solicitud de su Programa de Incentivos para Calidad Ambiental (EQIP, por sus siglas e inglés). Las prácticas descritas en este libro han sido identificadas con los siguientes códigos:

Práctica de Conservación	Código NRCS
Manejo de malezas arbustivas	314
Tratamiento de malezas herbáceas	315
Manejo de nutrientes	590
Franjas filtrantes	393
Cubierta vegetal permanente	327
Plantas cobertoras	340
Itinerario de pastoreo	528
Tratamiento mecánico de tierras de pastoreo	548
Cercas	382
Barreras vegetativas	601
Rompevientos	380
Setos vivos	422
Silvopastoreo	381
Siembra de forraje y biomasa	512
Cultivos en callejones	311
Cultivo al contorno	330
Establecimiento de árboles y arbustos leñosos	612
Rompe combustible	383
Rompe fuego	384
Tuberías para bebederos	516
Instalación de bebederos	614
Túnel de cultivo	325

Puede encontrar información de contacto de los centros de servicio del USDA a través del siguiente enlace:

https://www.nrcs.usda.gov/wps/portal/nrcs/main/pr/contact/local/

Si usted ha identificado en su finca alguna situación en que sea necesario conservar o rehabilitar algún recurso natural, visite la oficina más cercana de USDA-NRCS, donde se le dará orientación y asistencia técnica para implementar cualquiera de estas prácticas de conservación.

Glosario

1. **Agentes polinizadores:** Animales que transportan polen de una flor a otra, tales como avispas, abejas, polillas, escarabajos, mariposas, murciélagos, colibríes, zarigüeyas, gecos, y lémures.

2. **Árbol:** Planta leñosa alta y perenne que tiene un tronco principal y ramas que forman una corona elevada.

3. **Arbusto:** Planta perenne baja y leñosa que generalmente tiene varios tallos principales.

4. **Biodiversidad:** Diversidad de vida vegetal y animal de un hábitat particular.

5. **Biomasa:** Material vegetal y desechos animales utilizados como combustible.

6. **Combustible:** Material que puede encenderse y arder.

7. **Contorno:** Línea dibujada en un mapa que conecta puntos de igual altura.

8. **Ecosistema:** Sistema formado por la interacción entre una comunidad de organismos y su entorno físico.

9. **Erosión:** Desgaste de la superficie de la tierra por acción del agua y el viento.

10. **Fijación de nitrógeno:** Proceso de asimilación del nitrógeno de la atmósfera por medio de bacterias que lo depositan en el suelo donde las plantas lo consumen.

11. **Forraje:** Alimentos voluminosos, tales como la hierba o el heno, para caballos o ganado.

12. **Hábitat:** Ambiente en el cual un organismo o grupo de organismos normalmente vive y se desarrolla.

12. **Herbáceo:** Característico de una planta o hierba no leñosa.

12. **Hidropónica:** Técnica de cultivo sin suelo que se lleva a cabo en agua con nutrientes disueltos.

15. **Junta:** Cierre que proporciona un sellado hermético y perfecto.

16. **Leguminosas:** Plantas con semillas en vainas y flores distintivas que benefician al suelo y a otras plantas cercanas mediante la formación en sus raíces de nódulos que contienen bacterias simbióticas capaces de fijar nitrógeno. Las leguminosas han formado parte importante de la rotación de cultivos durante siglos.

17. **Leñoso:** Que tiene tejidos duros o partes rígidas, especialmente en los tallos.

18. **Maleza:** Crecimiento denso de arbustos.

19. **Manejo Integrado de Plagas:** Uso de más de una práctica de conservación para controlar una plaga, ya sea mediante uso de herramientas, productos químicos o animales.

20. **Orgánico:** Que tiene propiedades características de organismos vivos. Se refiere también a alimentos cultivados o criados sin fertilizantes sintéticos, pesticidas u hormonas.

21. **Paralelo:** Estar en todas partes equidistante y no intersecarse o encontrarse.

22. **Particulado:** Pequeña masa discreta de materia sólida o líquida que permanece dispersa individualmente en las emisiones de gases o líquidos. Generalmente, el particulado se considera contaminante atmosférico.

23. **Perenne:** Planta que dura tres temporadas o más.

24. **Perpendicular:** Que interseca o forma ángulos rectos con el horizonte.

25. **pH:** Escala que mide el grado de acidez o basicidad de una sustancia.

26. **Plantas invasoras:** Especies de plantas que no son nativas de un ambiente y que se propagan de manera constante, a veces dominando el paisaje nativo.

27. **Vida silvestre:** Todos los seres vivos no domesticados.

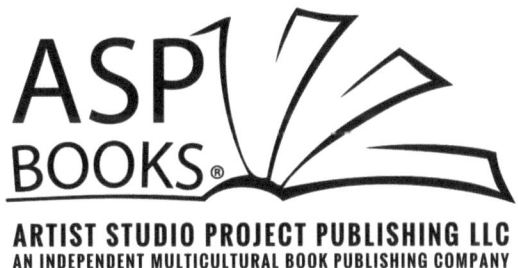

ARTIST STUDIO PROJECT PUBLISHING COMPANY LLC.
UNA EDITORIAL INDEPENDIENTE DE LIBROS MULTICULTURALES

Acerca de ASP Books: Artist Studio Project Publishing Company, también conocida como ASP Books, es una editorial independiente de libros multicuturales interesada en todos los libros y escritos latinos creativos, académicos y culturales escritos por y sobre puertorriqueños, latinoamericanos, mexicoamericanos, cubanoamericanos, centro-americanos, hispanoamericanos y escritores latinos de color.

ARTIST STUDIO PROJECT PUBLISHING LLC
AN INDEPENDENT MULTICULTURAL BOOK PUBLISHING COMPANY

ARTIST STUDIO PROJECT PUBLISHING COMPANY LLC.
An Independent Multicultural Book Publishing Company

About ASP Books: Artist Studio Project Publishing Company AKA ASP Books, is an independent multicultural book publishing company interested in all creative, scholarly, and cultural Latino books and writings by and about Puerto Ricans, Latin Americans, Mexican Americans, Cuban Americans, Central Americans , Hispanic Americans and Latino writers of color.